LES

SCIERIES MÉCANIQUES

ET LES

MACHINES-OUTILS

A TRAVAILLER LES BOIS

PAR

ARMENGAUD AINÉ

INGÉNIEUR

ANCIEN ÉLÈVE DE L'ÉCOLE CENTRALE DES ARTS ET MANUFACTURES

ATLAS

EN VENTE

A LA LIBRAIRIE TECHNOLOGIQUE D'ARMENGAUD AINÉ

45, RUE SAINT-SÉBASTIEN (BOULEVARD VOLTAIRE)

A PARIS

Et chez les principaux Libraires de la France et de l'Étranger

TABLE DES PLANCHES

DES SCIERIES MÉCANIQUES ET DES MACHINES-OUTILS A TRAVAILLER LES BOIS

PREMIÈRE PARTIE. — SCIERIES.

Planches — Pages

1. Scierie alternative à une seule lame, à chariot, pour grumes, par M. Baras 27
2. Scierie alternative à une seule lame, à cylindres, pour madriers, par M. Cochot 40
3. Scieries alternatives à plusieurs lames et à cylindres : systèmes de MM. Mazeline frères, de M. Worssam et de M. Pfaff 45
4. Scierie alternative à plusieurs lames, pour grumes, par MM. Périn, Panhard et Cie 53
5. Scierie alternative à plusieurs lames, à rouleaux, pour grumes, par M. Pfaff 59
6. Scieries locomobiles à plusieurs lames, pour grumes, par M. Frey, par MM. Robinson et fils, et par MM. A. Ransome et Cie 65
7. Scierie à grumes, sans fosse ni fondation, et Scierie locomobile, par M. Cochot 70
8. Scieries alternatives à mouvement en dessus : système à cylindres et à plusieurs lames, par M. Baras ; système locomobile, par M. Frey. Scierie pour grumes, par MM. Robinson et fils. 78
9. Scierie alternative à lame horizontale et scierie pour madriers, par MM. Robinson et Smith. — Scierie pour débiter les bois de placage, par M. Baras 83
10. Scieries à découper et à repercer, modèles de M. Arbey, de M. Worssam, de M. Mac-Dowal, de M. Zimmermann, de M. Ransome, de M. Evrard 93
11. Scieries circulaires à chariot, à arbre mobile, à inclinaison variable, par M. Arbey, par M. Sentker. Montage de lames, par M. Mustel 102
12. Scieries circulaires à chariot, par M. Ransome. — Scierie à cylindres, par MM. Robinson et fils. Scieries à tronçonner, par MM. Worssam et Cie 109
13. Scieries à lame sans fin ou à ruban, par MM. Périn, Panhard et Cie 113
14. Scieries à lame sans fin, par M. Frey, par M. Olivier, par MM. Robinson et fils, par MM. Richards et Kelley, par MM. Western et Hamilton 128
15. Machines à trancher les bois par déroulement en feuilles minces et continues, par M. Garand, par M. Martinole, par M. Ellis, et par M. Allcock 140
16. Machines à trancher à plat les bois en feuilles minces, système à crémaillère, par M. Arbey, et système à bielle, par M. Cart 146

DEUXIÈME PARTIE. — MACHINES A BOIS.

Planches — Pages

17. Machines à corroyer et dégauchir, par M. Calla et par M. Hartmann 170
18. Dégauchisseuse à plateau, par MM. Périn, Panhard et Cie 175
19. Machines à corroyer et à dégauchir, par M. Olivier 182
20. Machines à planer à lame hélicoïdale, par MM. Maréchal et Arbey 188
21. Machines à raboter sur plusieurs faces, par M. Quétel-Trémois, par MM. Ransome et Cie, et par MM. Robinson et fils 202
22. Machines à raboter sur quatre faces, par M. Frey 205
23. Machines à raboter et rainer par M. Cart et par M. Quétel-Trémois 218
24. Machines à raboter et rainer, par MM. Schmaltz frères et par M. Baras 219
25. Machine à parquet, à lame hélicoïdale, par M. Arbey 224
26. Machines à faire les moulures droites et les moulures courbes, par M. Arbey, par M. Frey et par MM. Worssam et Cie 231
27. Machine à moulures, dite Toupie, par MM. Périn Panhard et Cie 236
28. Machine à moulures, dite défonceuse, par MM. Périn Panhard et Cie 244
29. Machines à faire les tenons, par M. Messmer et par M. Bricogne 252
30. Machine à faire les tenons, à fil tranché, par M. Arbey 259
31. Machine verticale et horizontale à faire les mortaises, par M. Messmer 264
32. Machines à mortaiser, par M. Frey et par M. Périn. — Mortaiseuse pour moyeux 273
33. Machines à outils multiples, par M. Frey, par M. Ransome et par M. Flambart 290
34. Tour à pédale, par M. Dupin. — Machine à tourner les bâtons, par M. Fréret 301
35. Machines à façonner les sabots, bois de fusils, etc, par M. Decoster et par M. Arbey . . . 308
36. Machines à creuser les sabots, par M. Arbey. — Machines à faire les roues, par M. Guillet. 317
37. Machines pour la fabrication des bois de fusils, par M. Kreutzberger 330
38. Étuves de dessication, du Chemin de fer de l'Est, de M. Guibert et de M. Fréret 347
39. Appareil à carboniser, par M. Ravazé. — Appareil à injecter par MM. Dorsett et Blythe. 354
40. Scieries et ateliers pour le travail mécanique des bois 375

Paris. — A. Quantin, imprimeur, 7, rue Saint-Benoît.

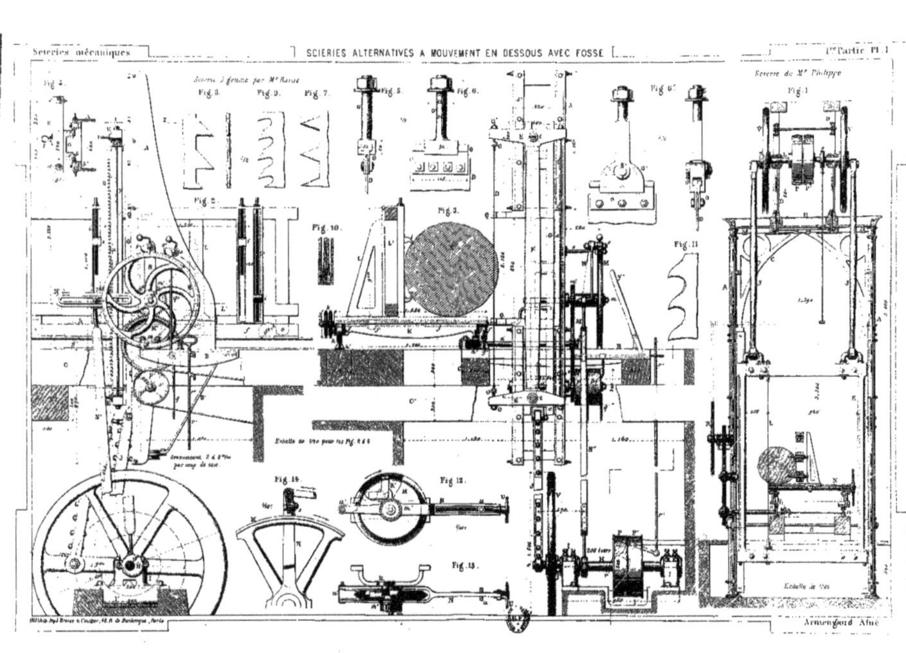
Scieries mécaniques
SCIERIES ALTERNATIVES A MOUVEMENT EN DESSOUS AVEC FOSSE
1re Partie Pl. 1
Scierie de Mr Philippe
Fig. 1
Fig. 2
Fig. 3
Fig. 4
Fig. 5
Fig. 6
Fig. 7
Fig. 8
Fig. 9
Fig. 10
Fig. 11
Fig. 12
Fig. 13
Fig. 14
Armengaud Aîné

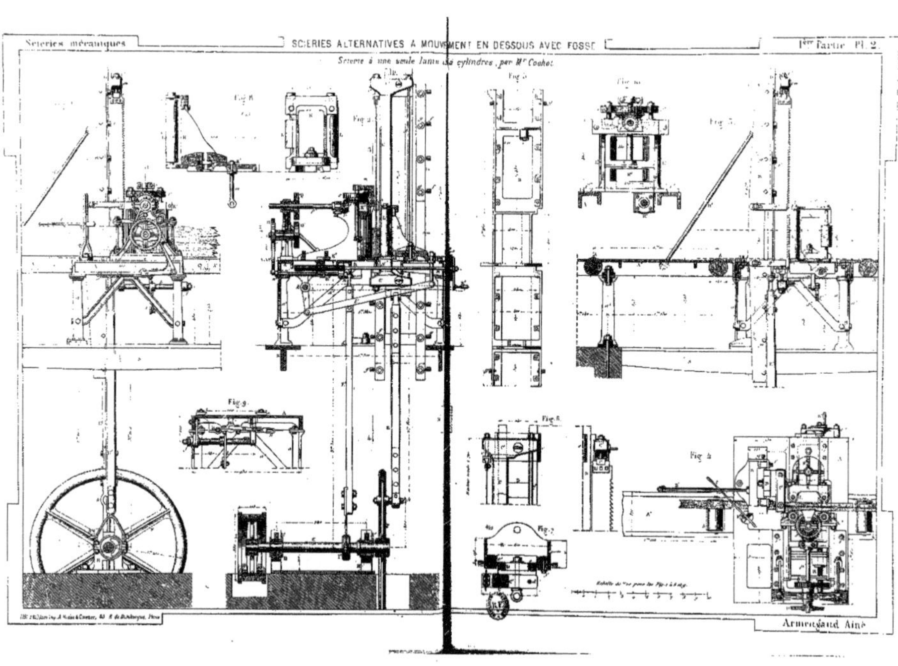

Scieries mécaniques
SCIERIES ALTERNATIVES A MOUVEMENT EN DESSOUS AVEC FOSSE
1ère Partie Pl. 2.
Scierie à une seule lame à cylindres, par Mr Cochot
Fig. 9.
Fig. 8.
Fig. 7.
Fig. 4.
Armengaud Ainé

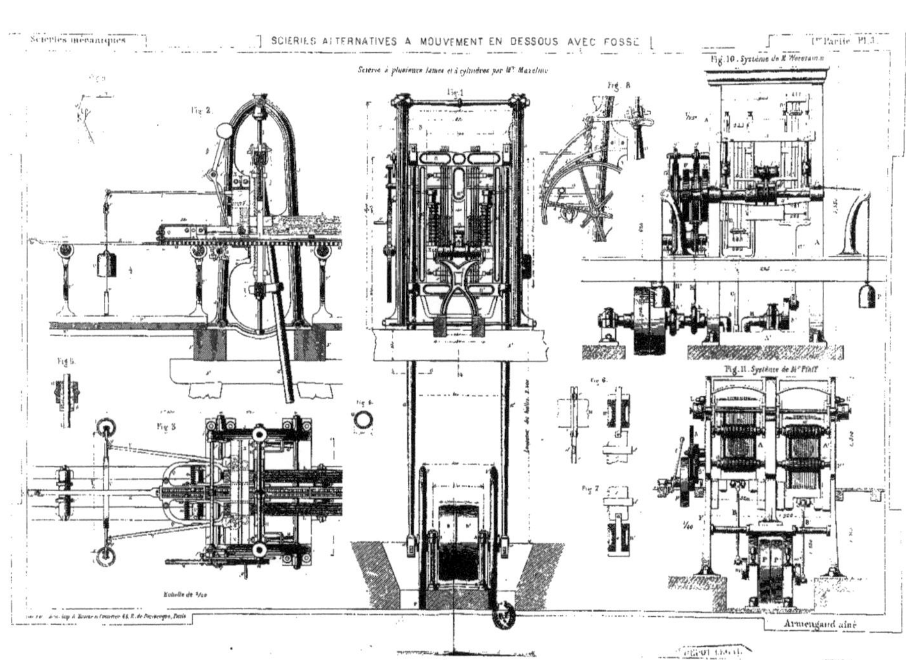
Scieries mécaniques
SCIERIES ALTERNATIVES A MOUVEMENT EN DESSOUS AVEC FOSSE
1re Partie Pl.3.
Scierie à plusieurs lames et à cylindres par Mr Mareline
Fig. 1
Fig. 2
Fig. 3
Fig. 5
Fig. 6
Fig. 7
Fig. 8
Fig. 10. Système de M. Worssam
Fig. 11. Système de Mr Pfaff
Armengaud aîné

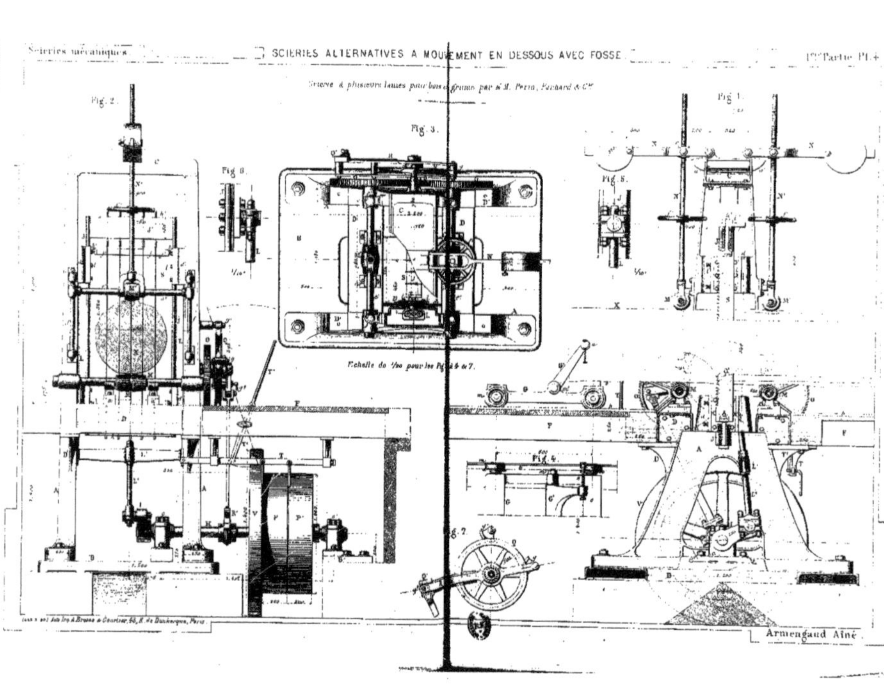
Scieries mécaniques
SCIERIES ALTERNATIVES A MOUVEMENT EN DESSOUS AVEC FOSSE
1re Partie Pl.4
Scierie à plusieurs lames pour bois en grume par MM. Perin, Panhard & Cie
Fig. 1.
Fig. 2.
Fig. 3.
Fig. 4.
Fig. 5.
Fig. 6.
Echelle de 1/20 pour les Fig. 4 & 7.
Armengaud Aîné.

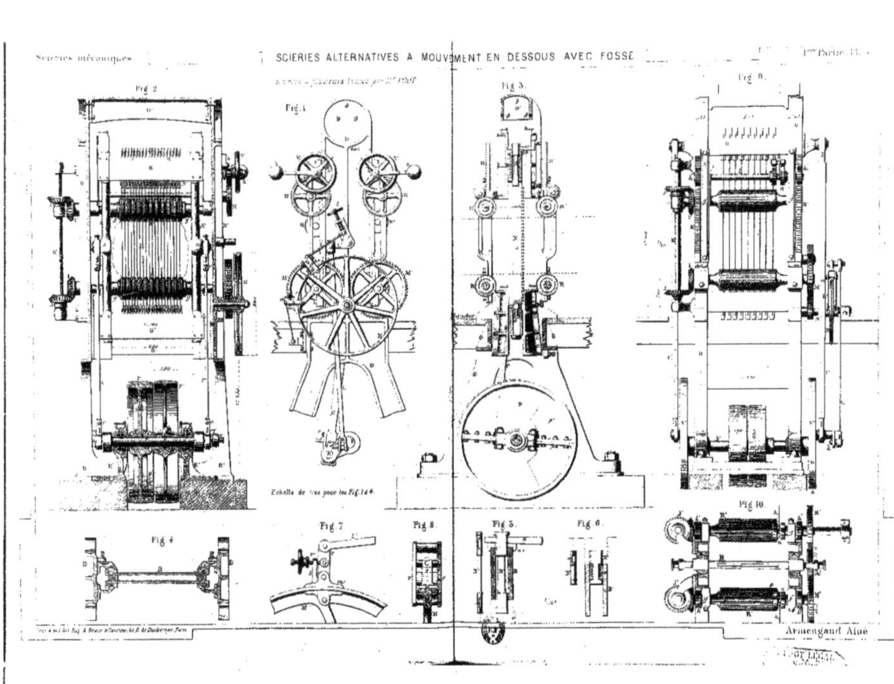
Scieries mécaniques
SCIERIES ALTERNATIVES A MOUVEMENT EN DESSOUS AVEC FOSSE
Fig. 1
Fig. 2
Fig. 3
Fig. 4
Fig. 5
Fig. 6
Fig. 7
Fig. 8
Fig. 9
Fig. 10
Armengaud Aîné

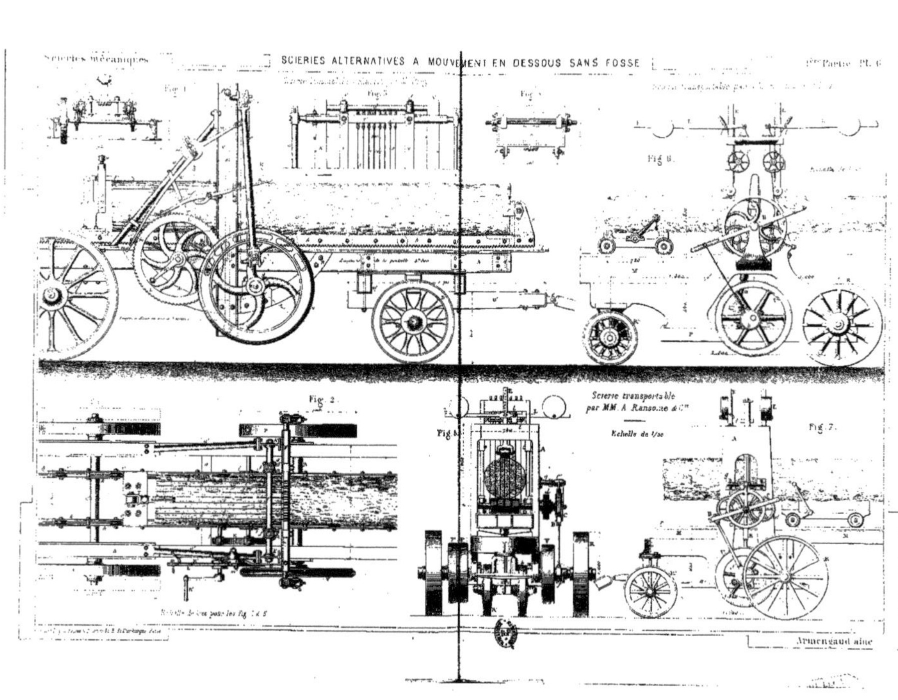
Scieries mécaniques
SCIERIES ALTERNATIVES A MOUVEMENT EN DESSOUS SANS FOSSE
Fig. 2
Scierie transportable
par MM. A. Ransome & Cie
Echelle de 1/20
Fig. 7.
Fig. 8.
Armengaud aîné

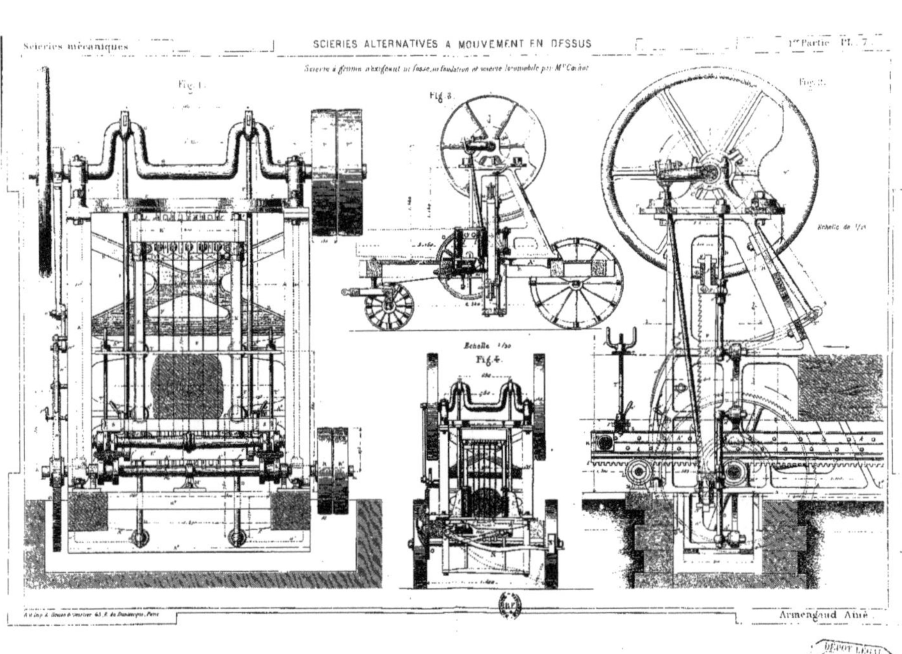
Scieries mécaniques
SCIERIES ALTERNATIVES A MOUVEMENT EN DESSUS
1re Partie Pl. 7
Fig. 1
Fig. 3
Fig. 2
Echelle de 1/20
Echelle 1/20
Fig. 4
Armengaud Aîné

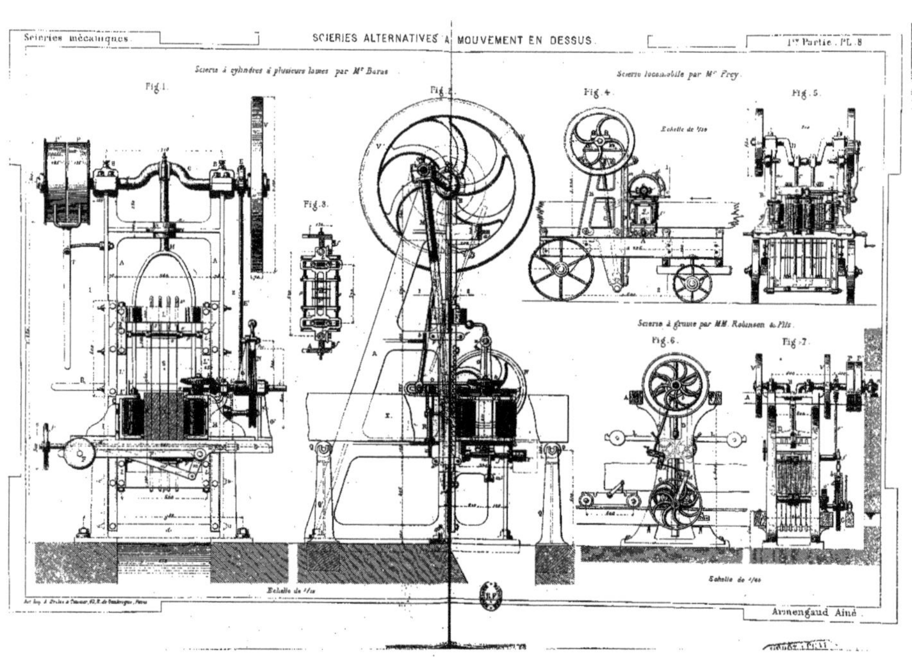
Scieries mécaniques.
SCIERIES ALTERNATIVES A MOUVEMENT EN DESSUS.
1re Partie. Pl. 8
Scierie à cylindres à plusieurs lames par Mr Baron
Scierie locomobile par Mr Frey.
Fig. 1.
Fig. 2.
Fig. 3.
Fig. 4.
Fig. 5.
Fig. 6.
Fig. 7.
Scierie à grume par MM. Robinson & Fils.
Echelle de 1/20
Armengaud Aîné.

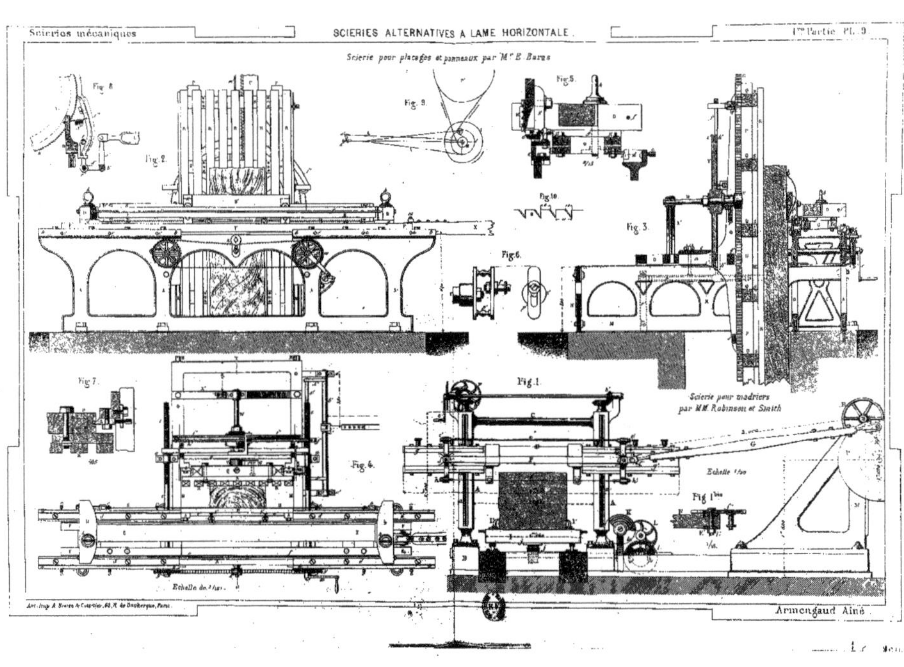
Scieries mécaniques
SCIERIES ALTERNATIVES A LAME HORIZONTALE.
1re Partie. Pl. 9
Scierie pour placages et panneaux par Mr E. Baron
Fig. 8
Fig. 2.
Fig. 9.
Fig. 5.
Fig. 10
Fig. 3.
Fig. 6.
Fig. 7.
Fig. 4.
Fig. 1.
Scierie pour madriers
par MM. Robinson et Smith
Fig. 1bis
Echelle de 1/15
Armengaud Ainé.

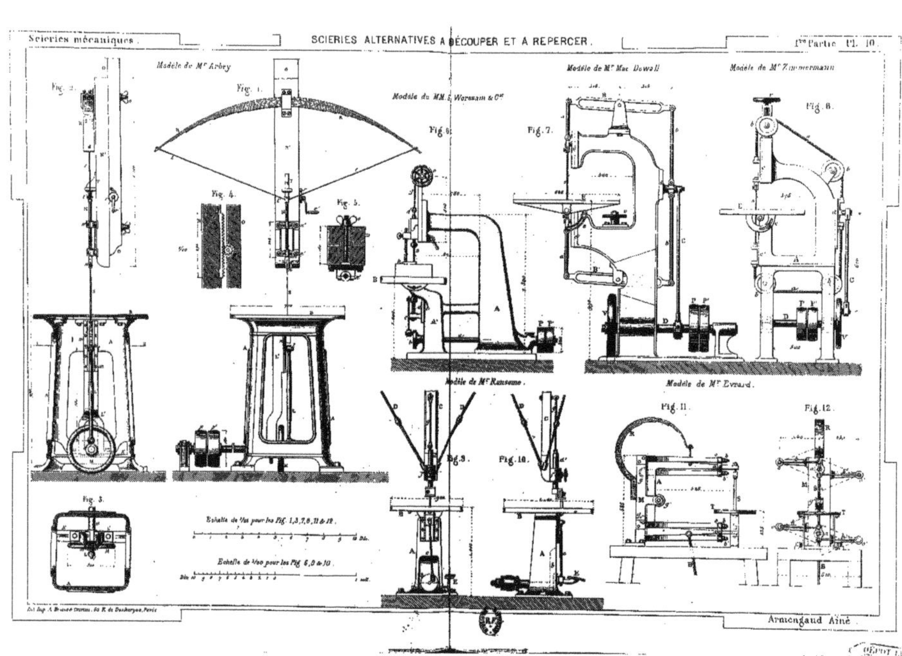
Scieries mécaniques.
SCIERIES ALTERNATIVES A DÉCOUPER ET A REPERCER.
1re Partie Pl. 10.
Modèle de Mr Arbey
Modèle de MM. Worssam & Cie
Modèle de Mr Mac Dowall
Modèle de Mr Zimmermann
Modèle de Mr Ransome.
Modèle de Mr Evrard.
Armengaud Aîné.

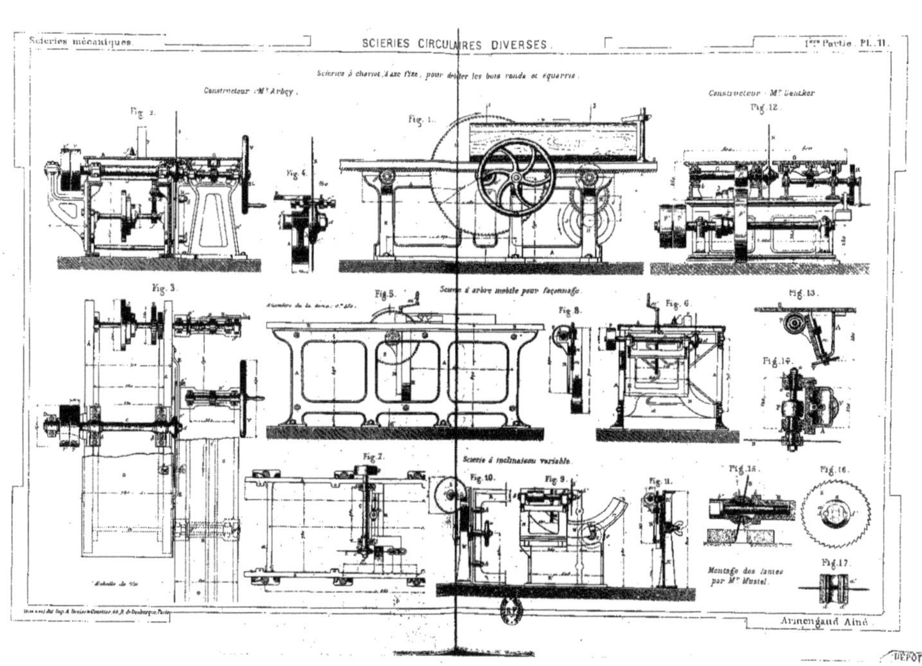
Scieries mécaniques.
SCIERIES CIRCULAIRES DIVERSES.
1re Partie. Pl. 11.
Scieries à chariot, à axe fixe, pour débiter les bois ronds et équarris.
Constructeur : Mr Arbey.
Constructeur : Mr Gentker
Fig. 1.
Fig. 2.
Fig. 3.
Fig. 4.
Fig. 5.
Scierie à arbre mobile pour façonnage.
Fig. 6.
Fig. 7.
Fig. 8.
Scierie à inclinaison variable.
Fig. 9.
Fig. 10.
Fig. 11.
Fig. 12.
Fig. 13.
Fig. 14.
Fig. 15.
Fig. 16.
Fig. 17.
Montage des lames par Mr Mustel.
Armengaud Aîné.

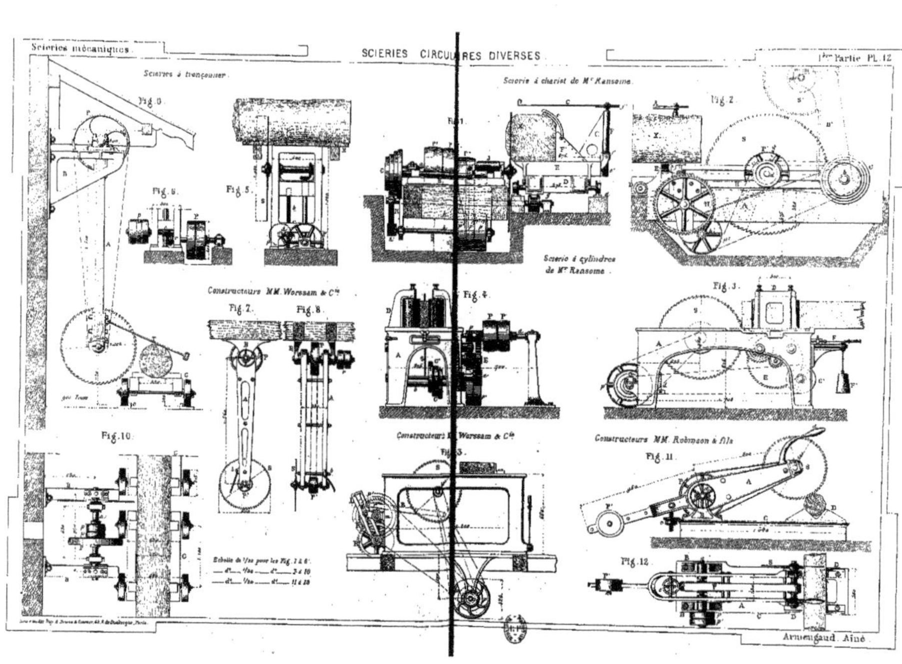
Scieries mécaniques.
SCIERIES CIRCULAIRES DIVERSES.
1re Partie PL. 12
Scieries à tronçonner.
Scierie à chariot de Mr Ransome.
Scierie à cylindres de Mr Ransome.
Constructeurs MM. Worssam & Cie
Constructeurs MM. Robinson & fils
Armengaud Ainé.

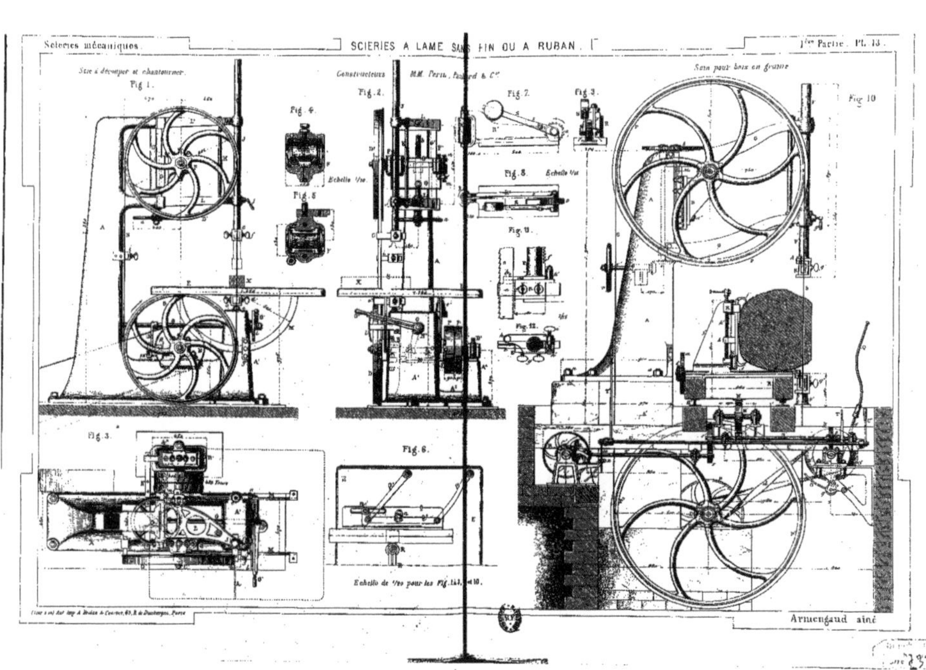

Scieries mécaniques.
SCIERIES A LAME SANS FIN OU A RUBAN.
1re Partie. Pl. 13.
Scie à découper et chantourner.
Constructeurs MM. Perin, Panhard & Cie.
Scie pour bois en grume
Fig. 1.
Fig. 2.
Fig. 3.
Fig. 4.
Fig. 5.
Fig. 6.
Fig. 7.
Fig. 8.
Fig. 9.
Fig. 10
Fig. 11.
Fig. 12.
Echelle 1/10.
Echelle de 1/20 pour les Fig. 1, 2, 3, et 10.
Armengaud aîné

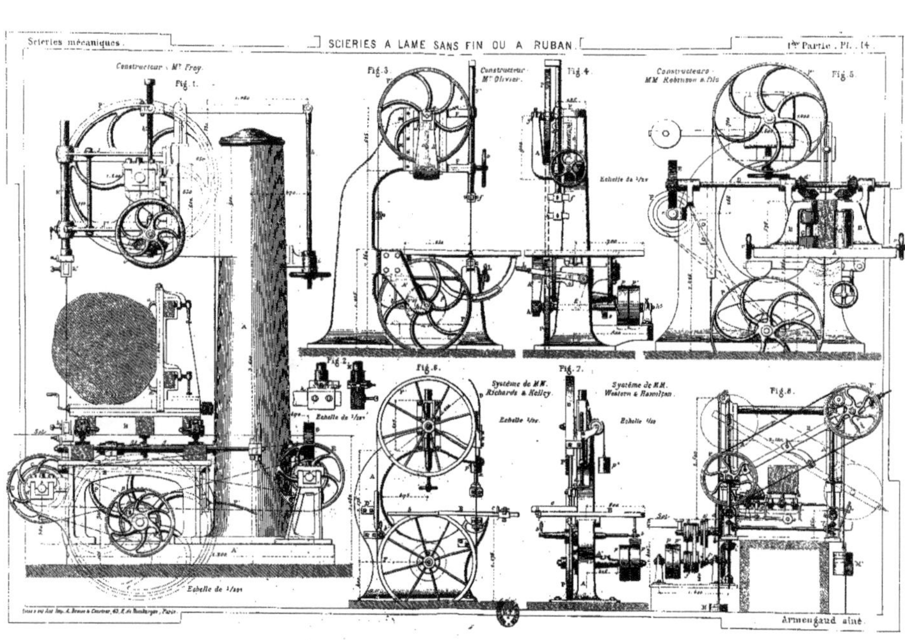
Scieries mécaniques.
SCIERIES A LAME SANS FIN OU A RUBAN.
1re Partie . Pl. 14.
Constructeur : Mr Frey.
Fig. 1.
Fig. 3.
Constructeur
Mr Olivier.
Fig. 4.
Constructeurs
MM Robinson & fils.
Fig. 5.
Fig. 2.
Fig. 6.
Système de MM.
Richards & Kelley.
Fig. 7.
Système de MM.
Western & Hamilton.
Fig. 8.
Armengaud aîné.

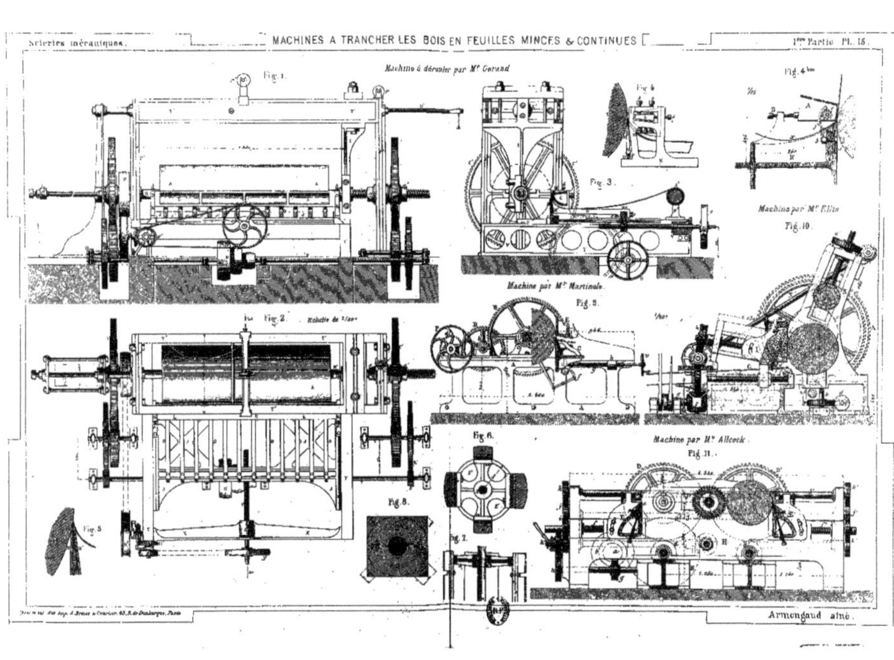
Scieries mécaniques.
MACHINES A TRANCHER LES BOIS EN FEUILLES MINCES & CONTINUES
1re Partie. Pl. 15.
Machine à dérouler par Mr Garand
Fig. 1.
Fig. 2.
Fig. 3.
Fig. 4
Fig. 4bis
Fig. 5
Fig. 6.
Fig. 7.
Fig. 8.
Fig. 9.
Fig. 10.
Fig. 11.
Machine par Mr Martinole.
Machine par Mr Ellis
Machine par Mr Allcock.
Armengaud aîné.

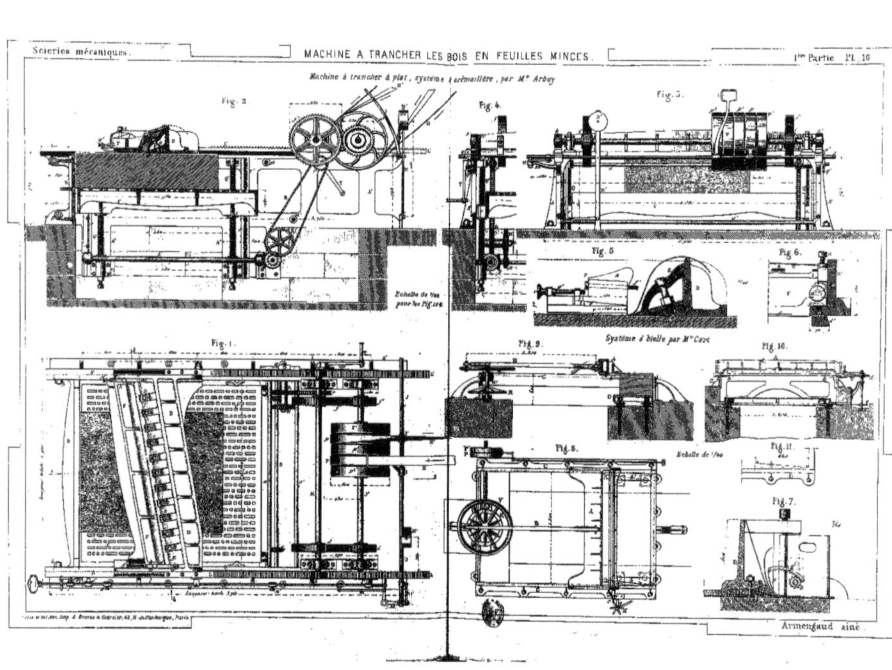

Scieries mécaniques.
MACHINE A TRANCHER LES BOIS EN FEUILLES MINCES.
1re Partie Pl. 16
Machine à trancher à plat, système à crémaillère, par Mr Arbey
Fig. 2
Fig. 4
Fig. 3
Fig. 5
Fig. 6
Système à bielle par Mr Cart
Fig. 1
Fig. 9
Fig. 10
Fig. 8
Fig. 11
Fig. 7
Armengaud aîné.

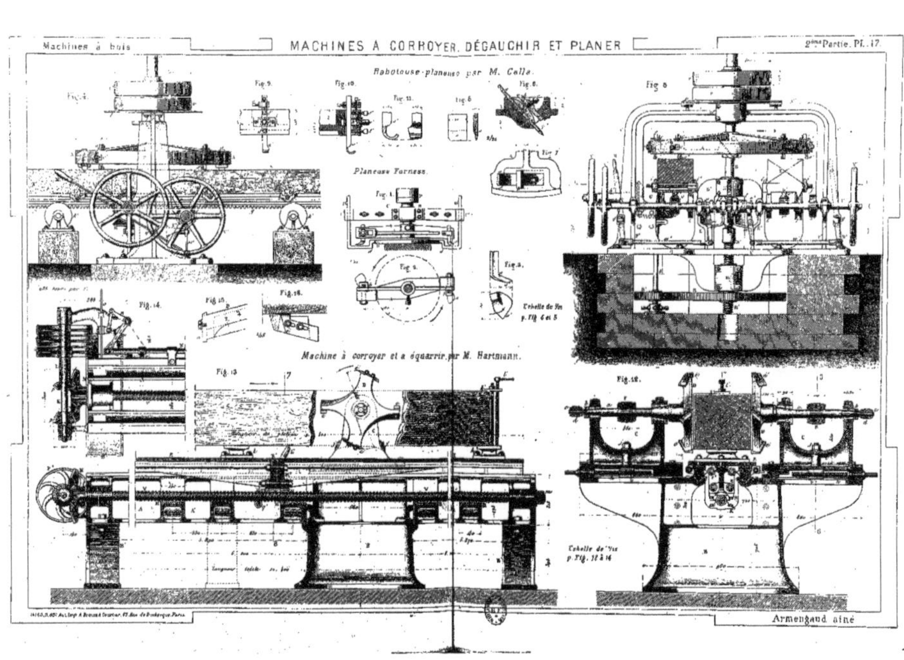
Machines à bois
MACHINES A CORROYER, DÉGAUCHIR ET PLANER
2ème Partie. Pl. 17
Raboteuse-planeuse par M. Calla
Planeuse Farness
Machine à corroyer et à équarrir, par M. Hartmann.
Armengaud aîné

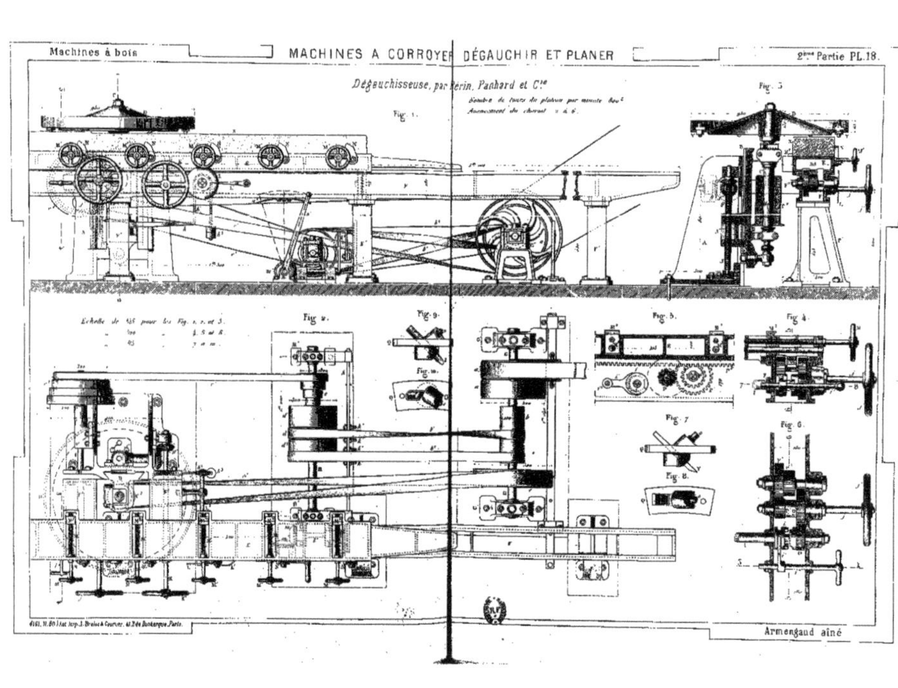
Machines à bois
MACHINES A CORROYER DÉGAUCHIR ET PLANER
2ème Partie PL. 18.
Dégauchisseuse, par Périn, Panhard et Cie
Armengaud aîné

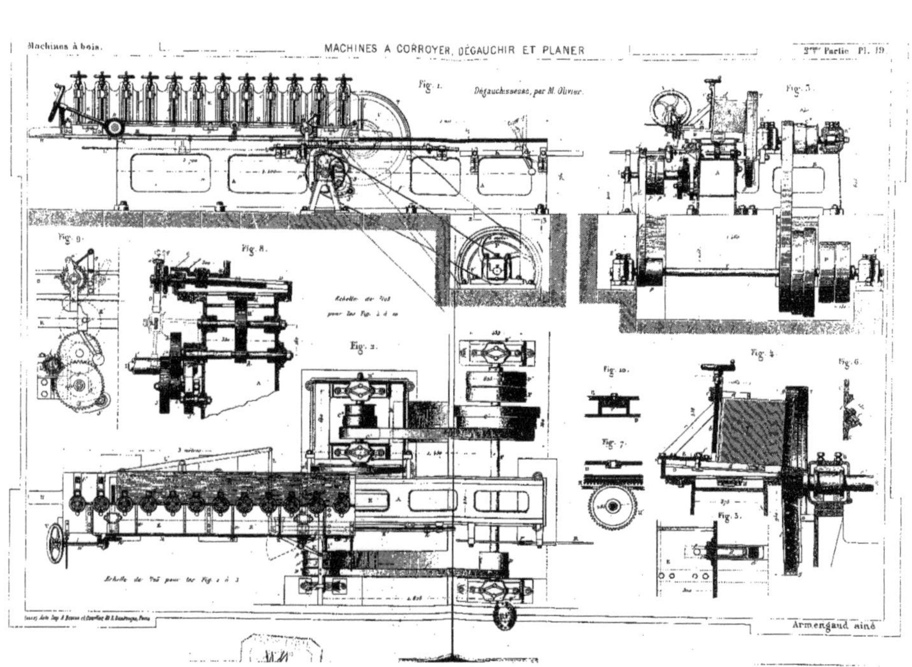
Machines à bois.
MACHINES A CORROYER, DÉGAUCHIR ET PLANER
2me Partie Pl. 19
Fig. 1.
Dégauchisseuse, par M. Olivier.
Fig. 3.
Fig. 9.
Fig. 8.
Fig. 2.
Fig. 10.
Fig. 7.
Fig. 4.
Fig. 6.
Fig. 5.
Armengaud aîné

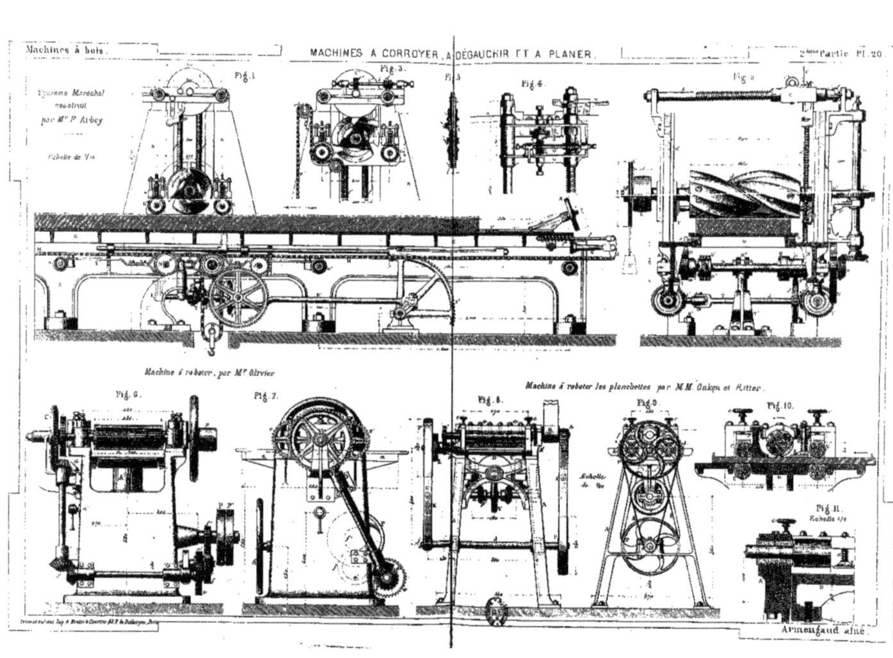
Machines à bois.
MACHINES A CORROYER, A DÉGAUCHIR ET A PLANER.
2ème Partie Pl. 20.
Système Maréchal
construit
par Mr F. Arbey
Fig. 1
Fig. 2
Fig. 3.
Fig. 4.
Machine à raboter, par Mr Olivier
Machine à raboter les planchettes par MM. Onken et Ritter.
Fig. 6.
Fig. 7.
Fig. 8.
Fig. 9.
Fig. 10.
Fig. 11.
Armengaud aîné.

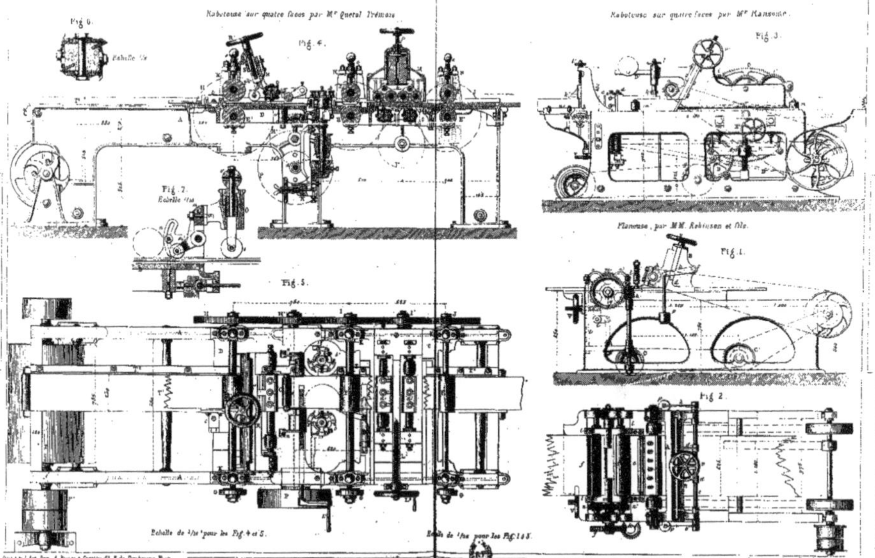

Raboteuse sur quatre faces par Mr Quetel Trémois

Fig. 6. Echelle 1/5

Fig. 4.

Fig. 7. Echelle 1/10

Fig. 5.

Raboteuse sur quatre faces par Mr Ransome.

Fig. 3.

Planeuse, par MM. Robinson et fils.

Fig. 1.

Fig. 2.

Echelle de 1/10e pour les Fig. 4 et 5.

Echelle de 1/20 pour les Fig. 1 à 3.

Imp. A. Rouxe & Cie, 46, R. de Dunkerque, Paris

Armengaud Aîné.

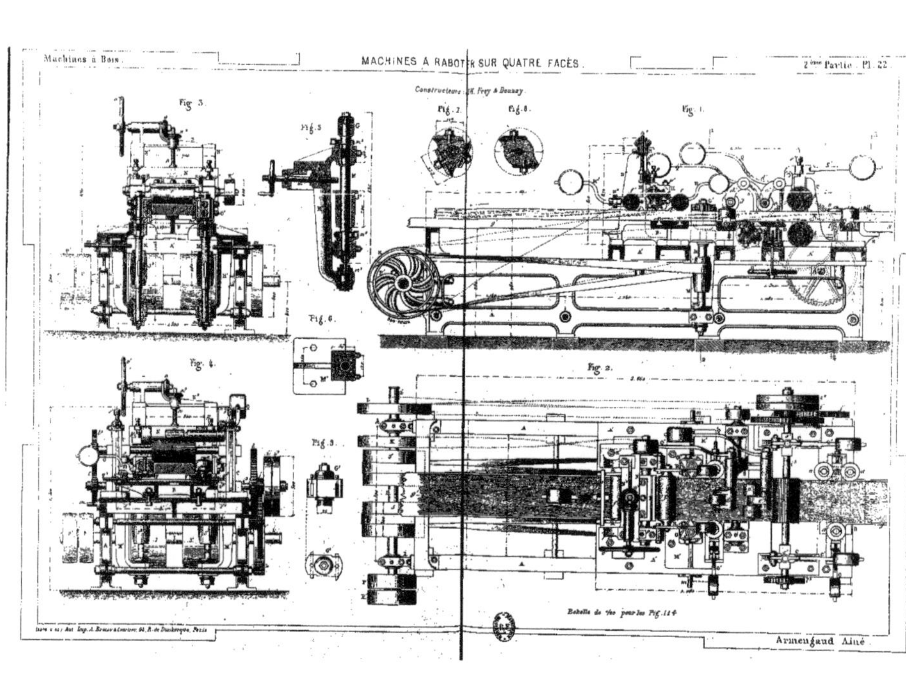
Machines à Bois.
MACHINES À RABOTER SUR QUATRE FACES.
2ème Partie. Pl. 22.
Armengaud Aîné.

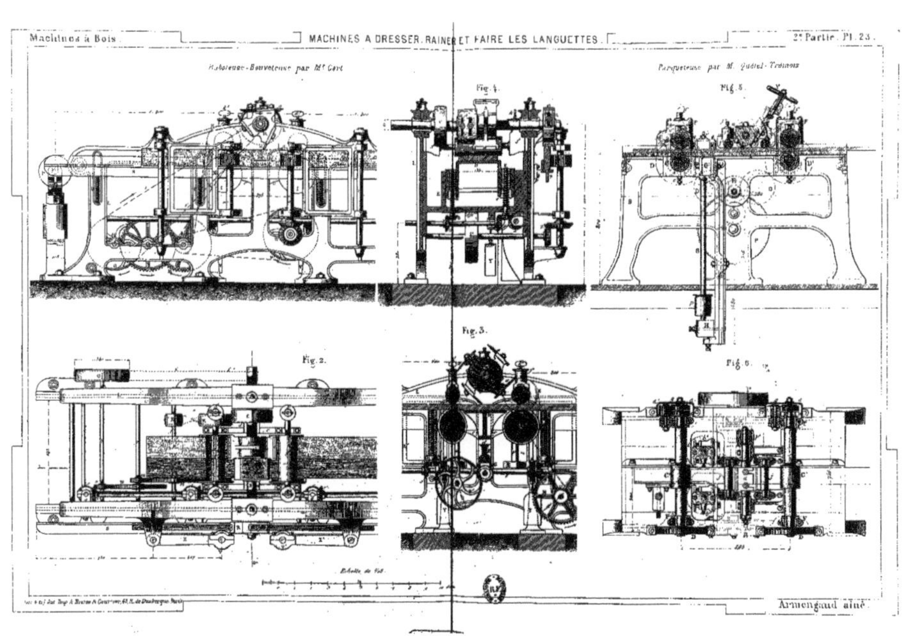
Machines à Bois.
MACHINES A DRESSER, RAINER ET FAIRE LES LANGUETTES.
2e Partie. Pl. 23.
Raboteuse-Bouveteuse par Mr Cart
Parqueteuse par M. Quétel-Trémois
Fig. 4.
Fig. 5.
Fig. 2.
Fig. 3.
Fig. 6.
Armengaud aîné.

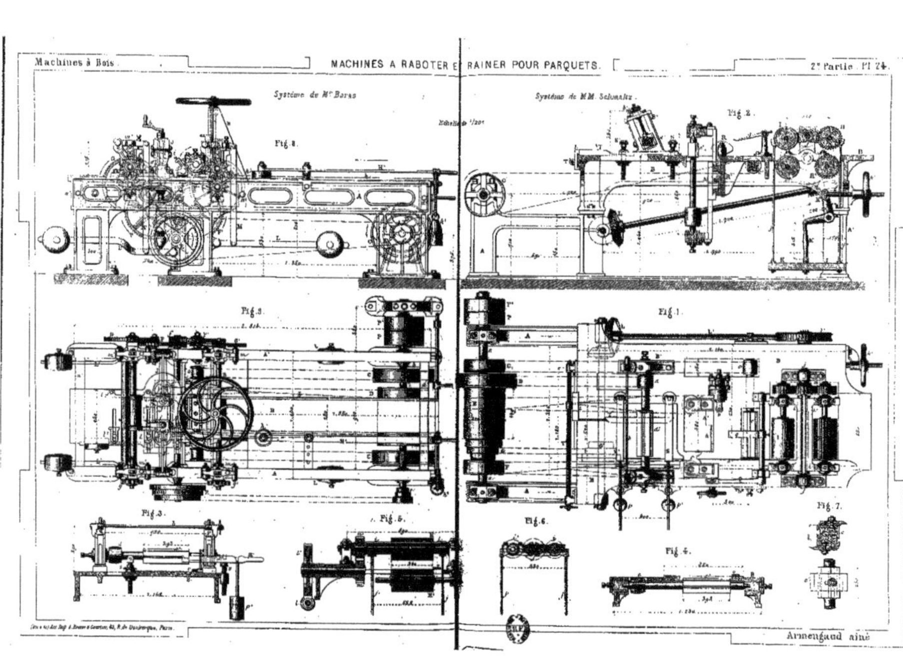
Machines à Bois.
MACHINES A RABOTER ET RAINER POUR PARQUETS.
2e Partie. Pl. 24.
Système de Mr Borso
Système de MM. Schmaltz
Fig. 1.
Fig. 2.
Fig. 3.
Fig. 4.
Fig. 5.
Fig. 6.
Fig. 7.
Fig. 8.
Armengaud aîné

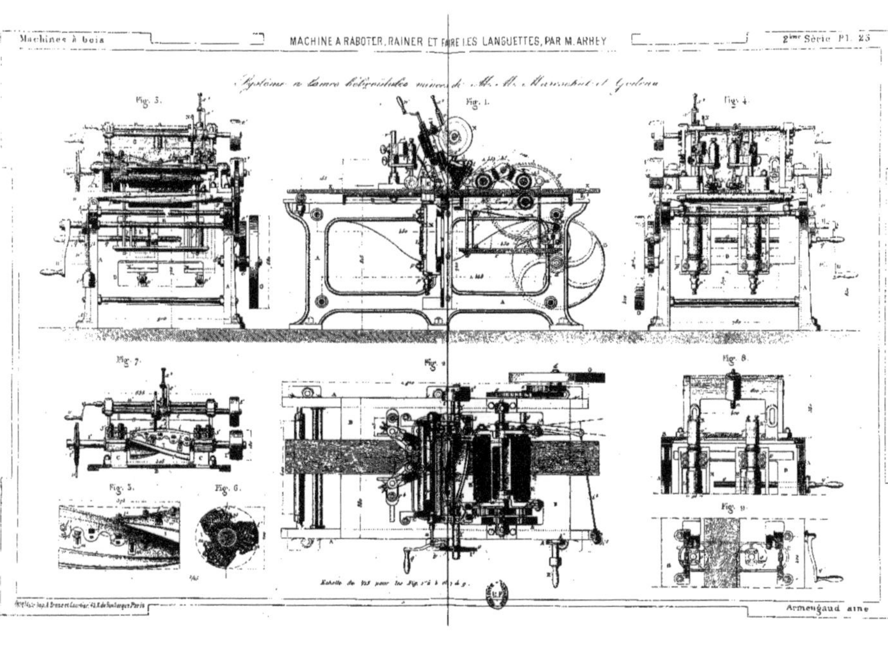
Machines à bois
MACHINE A RABOTER, RAINER ET FAIRE LES LANGUETTES, PAR M. ARBEY
2ème Série Pl. 25
Fig. 3.
Fig. 1.
Fig. 4.
Fig. 7.
Fig. 8.
Fig. 5.
Fig. 6.
Fig. 9.
Armengaud aîné

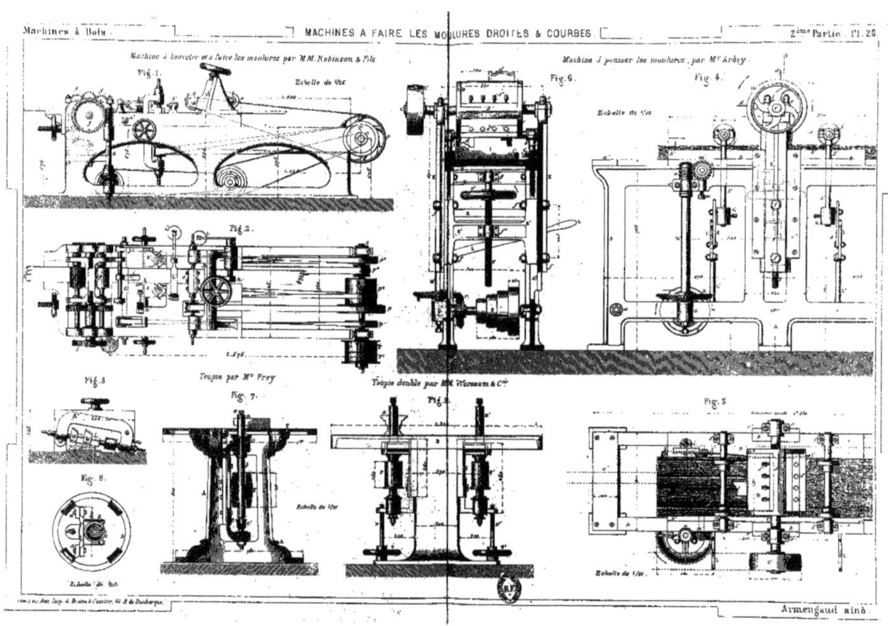
Machines à Bois.
MACHINES A FAIRE LES MOULURES DROITES & COURBES.
2ème Partie. Pl. 26.
Machine à bouveter et à faire les moulures par MM. Robinson & Fils
Machine à pousser les moulures, par Mr Arbey
Fig. 1.
Fig. 2.
Fig. 3
Fig. 4.
Fig. 5
Fig. 6.
Fig. 7.
Fig. 8.
Toupie par Mr Frey
Toupie double par MM. Worssam & Cie
Armengaud ainé.

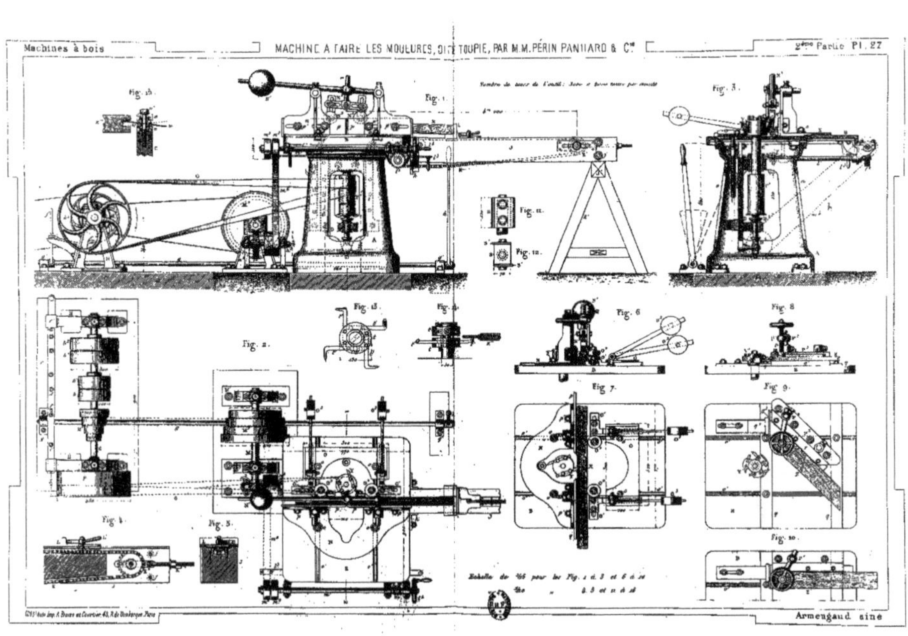
Machines à bois
MACHINE A FAIRE LES MOULURES, DITE TOUPIE, PAR M.M. PÉRIN PANHARD & Cie
2ème Partie Pl. 27
Armengaud aîné

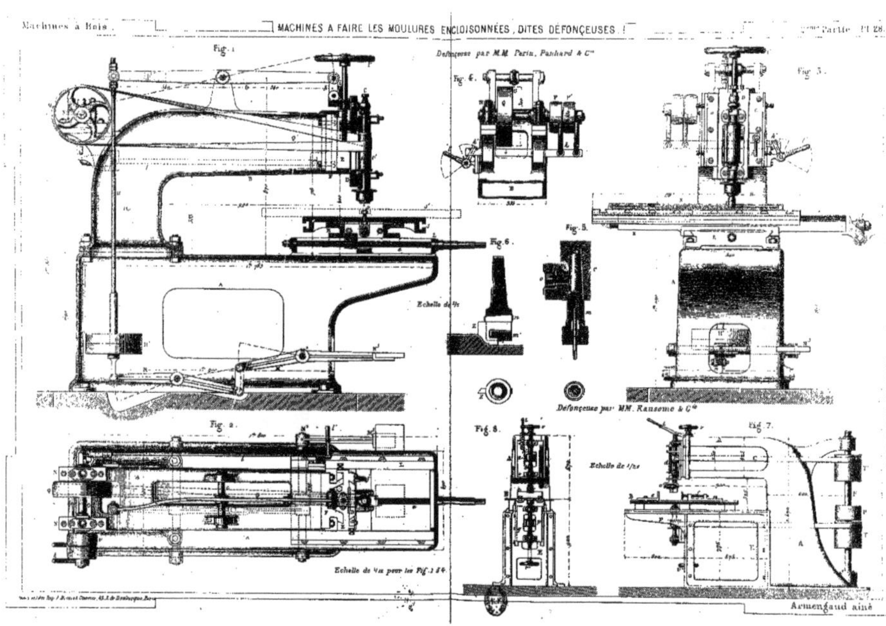
Machines à Bois.
MACHINES A FAIRE LES MOULURES ENCLOISONNÉES, DITES DÉFONÇEUSES.
Pl. 28.
Fig. 1.
Défonceuse par MM. Perin, Panhard & Cie
Fig. 3.
Fig. 5.
Fig. 6.
Echelle de 1/2
Défonceuse par MM. Ransome & Cie
Fig. 2.
Fig. 8.
Echelle de 1/15
Fig. 7.
Echelle de 1/10 pour les Fig. 1 à 4
Armengaud aîné

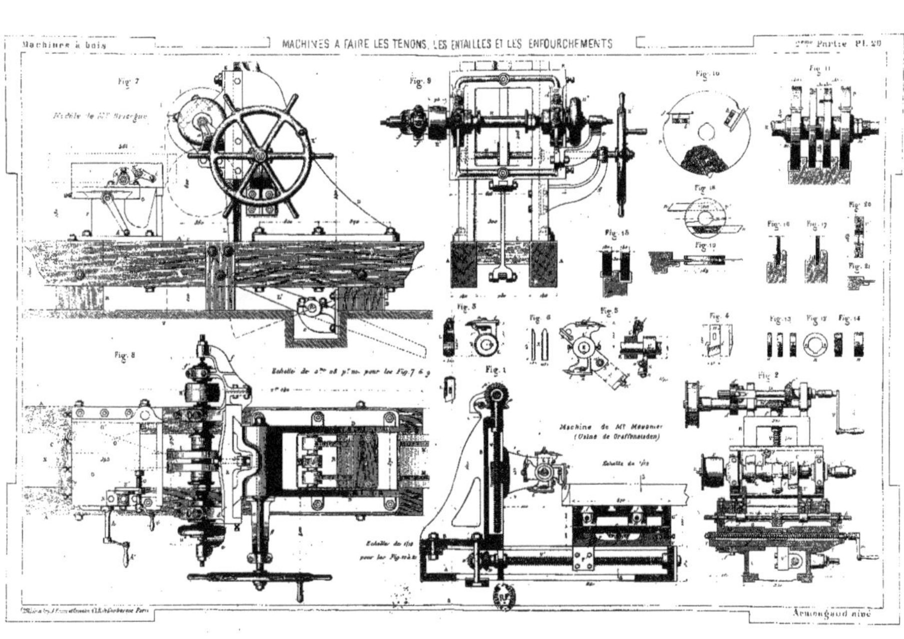
Machines à bois
MACHINES A FAIRE LES TENONS, LES ENTAILLES ET LES ENFOURCHEMENTS
2ème Partie Pl. 20
Fig. 7
Fig. 9
Fig. 10
Fig. 11
Fig. 8
Fig. 1
Fig. 2
Machine de Mr Meunier
(Usine de Graffenstaden)
Armengaud aîné

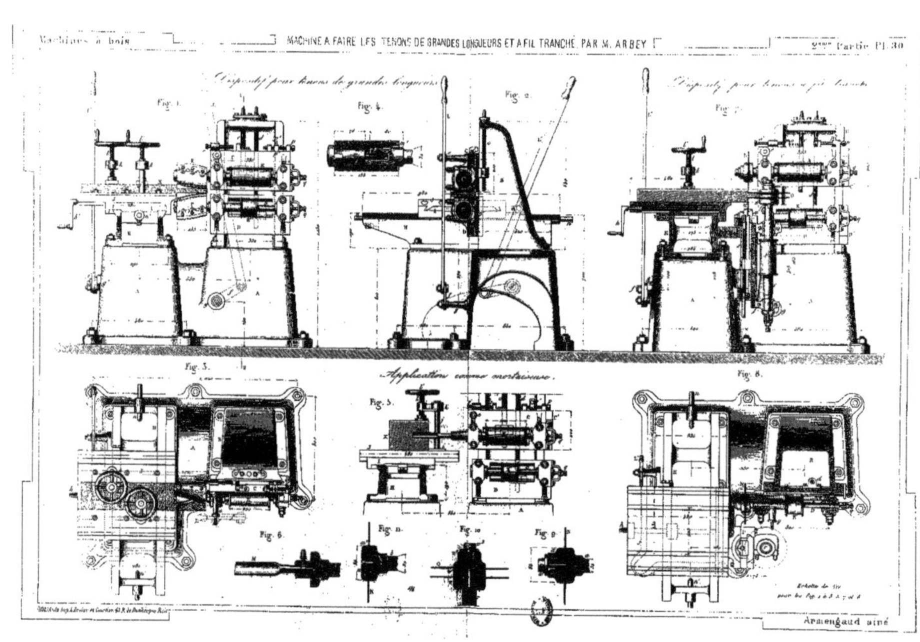
Machines à bois
MACHINE A FAIRE LES TENONS DE GRANDES LONGUEURS ET A FIL TRANCHÉ, PAR M. ARBEY
Partie Pl. 30
Fig. 1.
Fig. 2.
Fig. 3.
Fig. 4.
Fig. 5.
Fig. 6.
Fig. 8.
Fig. 9.
Fig. 10.
Fig. 11.
Application comme mortaiseuse.
Armengaud aîné

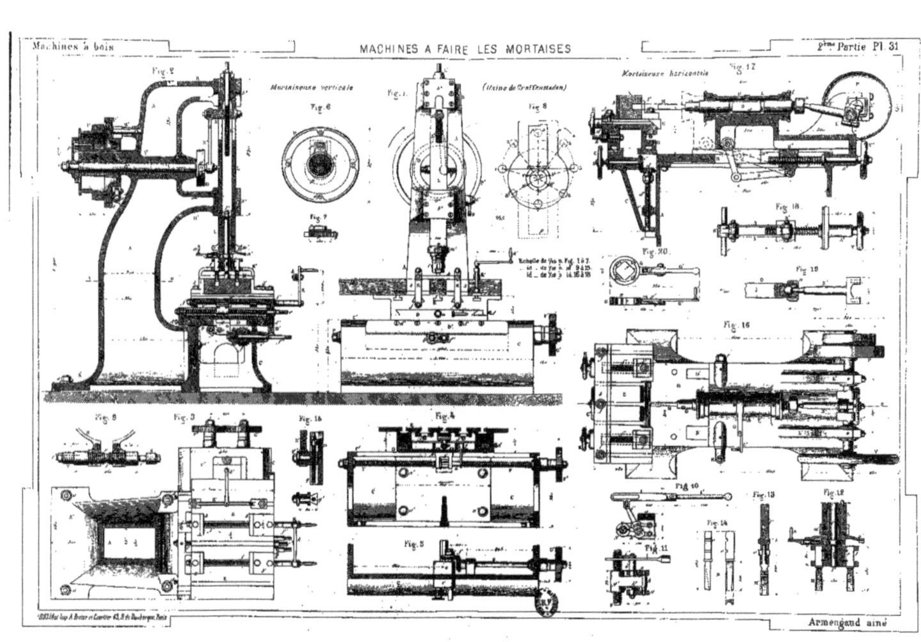
Machines à bois
MACHINES A FAIRE LES MORTAISES
2ème Partie Pl. 31
Mortaiseuse verticale
(Usine de Graffenstaden)
Mortaiseuse horizontale
Fig. 1
Fig. 2
Fig. 3
Fig. 4
Fig. 5
Fig. 6
Fig. 7
Fig. 8
Fig. 9
Fig. 10
Fig. 11
Fig. 12
Fig. 13
Fig. 14
Fig. 15
Fig. 16
Fig. 17
Fig. 18
Fig. 19
Fig. 20
Armengaud aîné

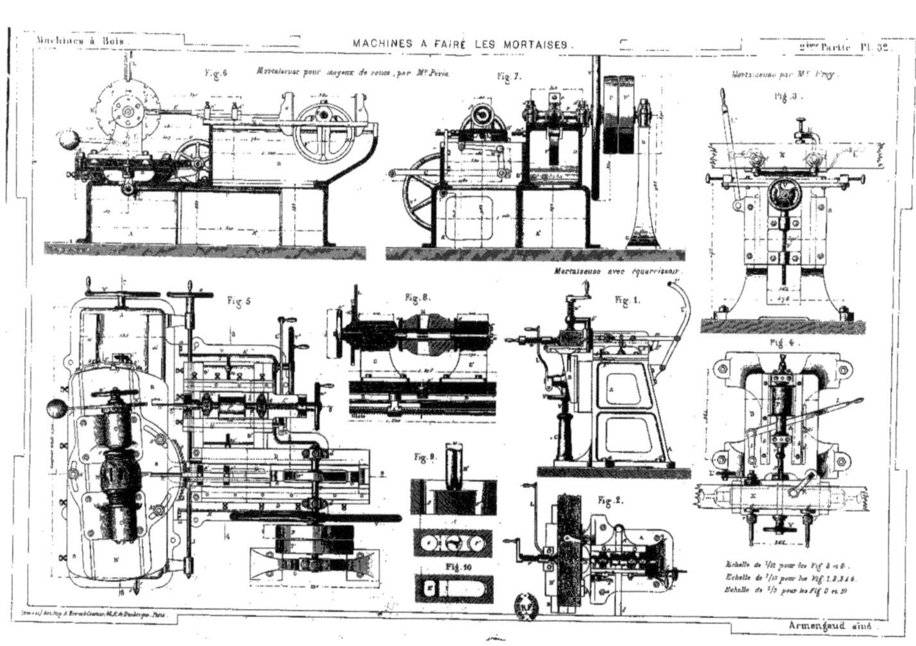

Machines à Bois.
MACHINES A FAIRE LES MORTAISES.
2ème Partie Pl. 32.
Fig. 6
Mortaiseuse pour moyeux de roues, par Mr Périn
Fig. 7.
Mortaiseuse par Mr Frey.
Fig. 3.
Mortaiseuse avec équarrisseur.
Fig. 5
Fig. 8.
Fig. 1.
Fig. 4.
Fig. 9.
Fig. 10
Fig. 2.
Armengaud aîné.

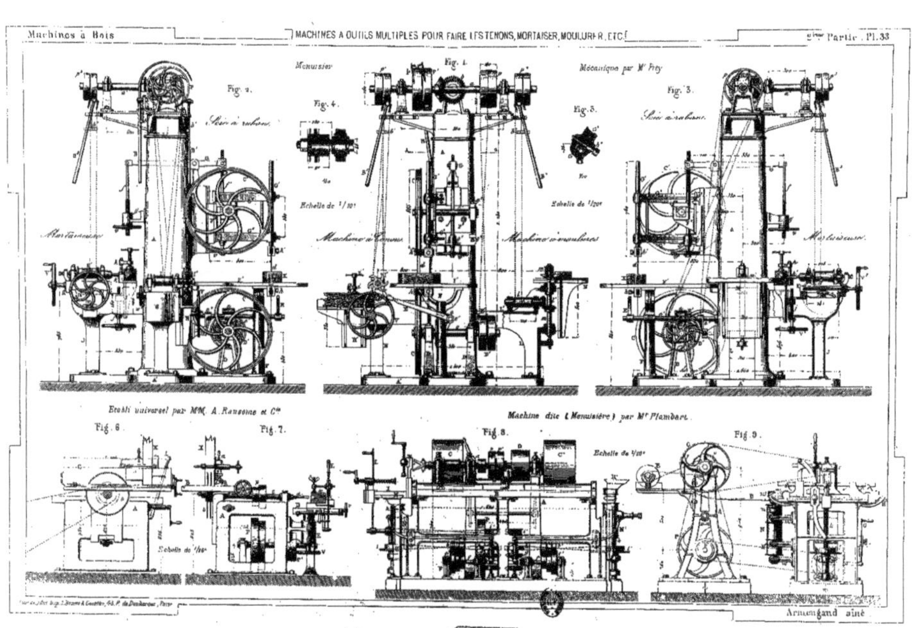

Machines à Bois
MACHINES A OUTILS MULTIPLES POUR FAIRE LES TENONS, MORTAISER, MOULURER, ETC.
2ème Partie . Pl. 33
Menuisier
Mécanique par Mr Frey
Fig. 1.
Fig. 2.
Fig. 3.
Fig. 4.
Fig. 5.
Scie à rubans
Mortaiseuse
Machine à tenons
Machine à moulures
Echelle de 1/10e
Echelle de 1/20e
Etabli universel par MM. A. Ransome et Cie
Fig. 6
Fig. 7.
Fig. 8.
Fig. 9.
Echelle de 1/10e
Machine dite (Menuisière) par Mr Plambart
Echelle de 1/20e
Armengaud ainé

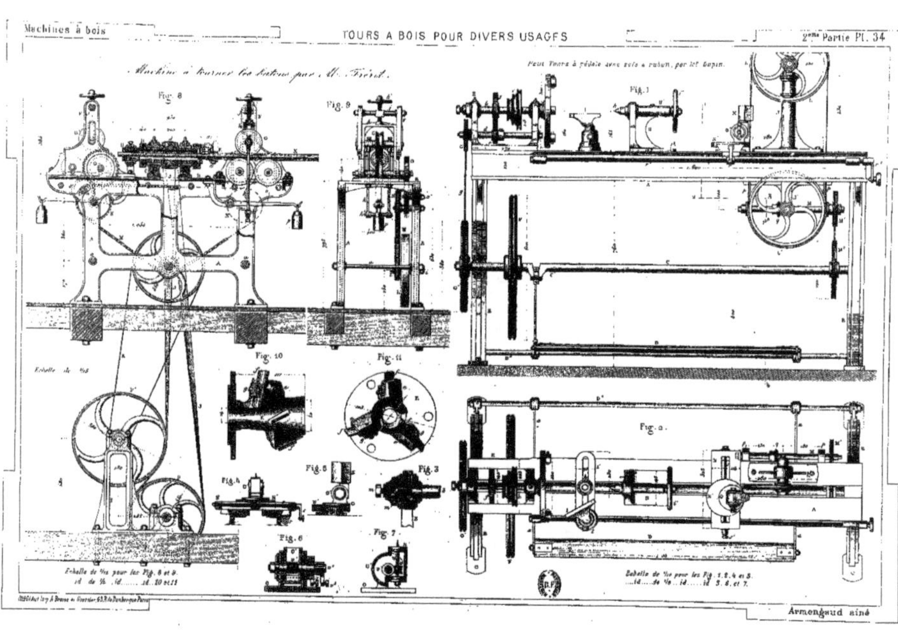
Machines à bois
TOURS A BOIS POUR DIVERS USAGES
2me Partie Pl. 34
Armengaud aîné

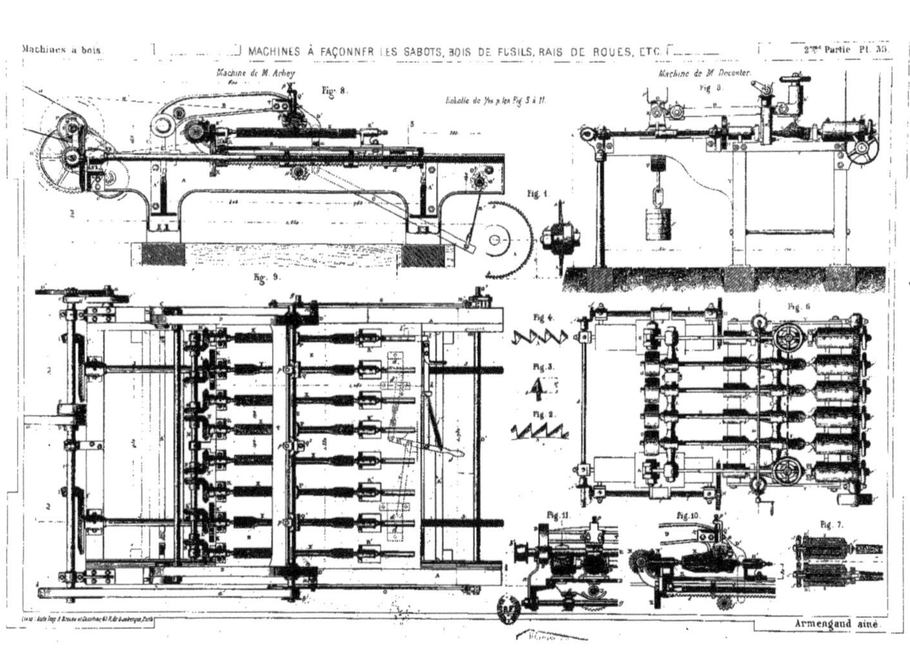
Machines à bois
MACHINES À FAÇONNER LES SABOTS, BOIS DE FUSILS, RAIS DE ROUES, ETC.
2me Partie Pl. 35
Machine de M. Arbey
Fig. 8.
Machine de M. Decoster
Fig. 5.
Fig. 1
Fig. 9.
Fig. 4.
Fig. 3.
Fig. 2.
Fig. 6
Fig. 11
Fig. 10.
Fig. 7.
Armengaud aîné

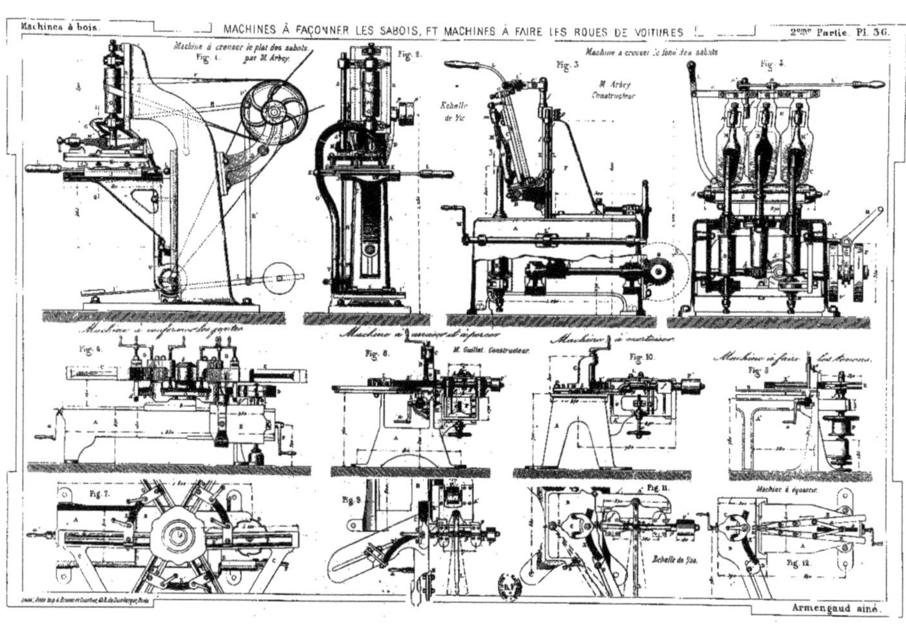
Machines à bois.
MACHINES À FAÇONNER LES SABOTS, ET MACHINES À FAIRE LES ROUES DE VOITURES
2me Partie. Pl. 36.
Machine à creuser le plat des sabots par M. Arbey.
Fig. 1.
Fig. 2.
Machine à creuser le fond des sabots
Fig. 3
M. Arbey Constructeur
Fig. 4.
Machine à conformer les jantes
Fig. 6.
Machine à araser et à percer
Fig. 8.
M. Guillet. Constructeur.
Machine à mortaiser
Fig. 10.
Machine à faire les tenons.
Fig. 5
Fig. 7.
Fig. 9.
Fig. 11.
Machine à équarrir
Fig. 12.
Armengaud aîné.

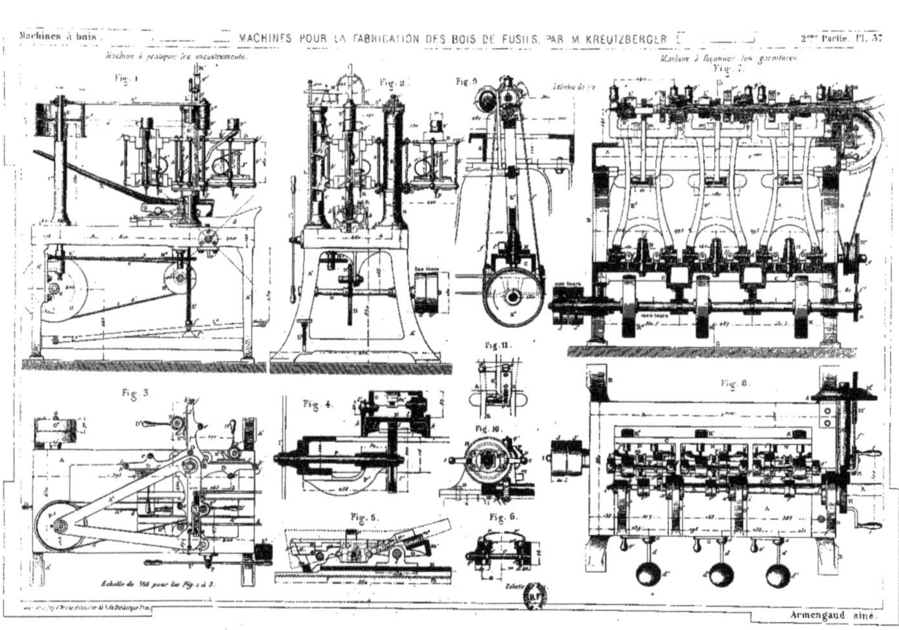
Machines à bois
MACHINES POUR LA FABRICATION DES BOIS DE FUSILS, PAR M. KREUTZBERGER
2ème Partie. Pl. 37
Armengaud aîné.

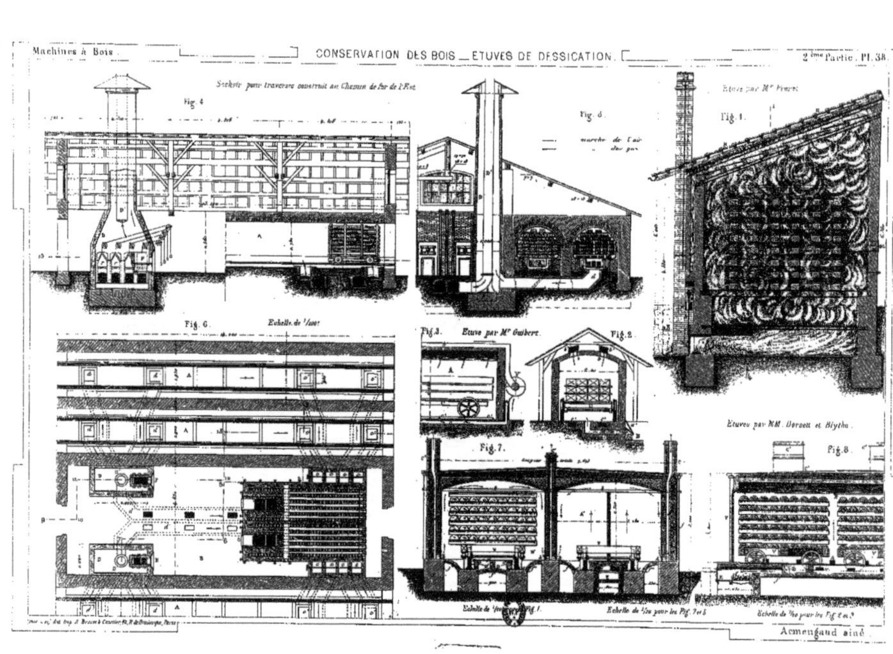
Machines à Bois.
CONSERVATION DES BOIS _ ETUVES DE DESSICATION.
2ème Partie. Pl. 38.
Fig. 4
Fig. 5
Fig. 6.
Fig. 3.
Etuve par Mr Guibert.
Fig. 2.
Fig. 1.
Fig. 7.
Fig. 8.
Etuves par MM. Davison et Blythe.
Armengaud ainé.

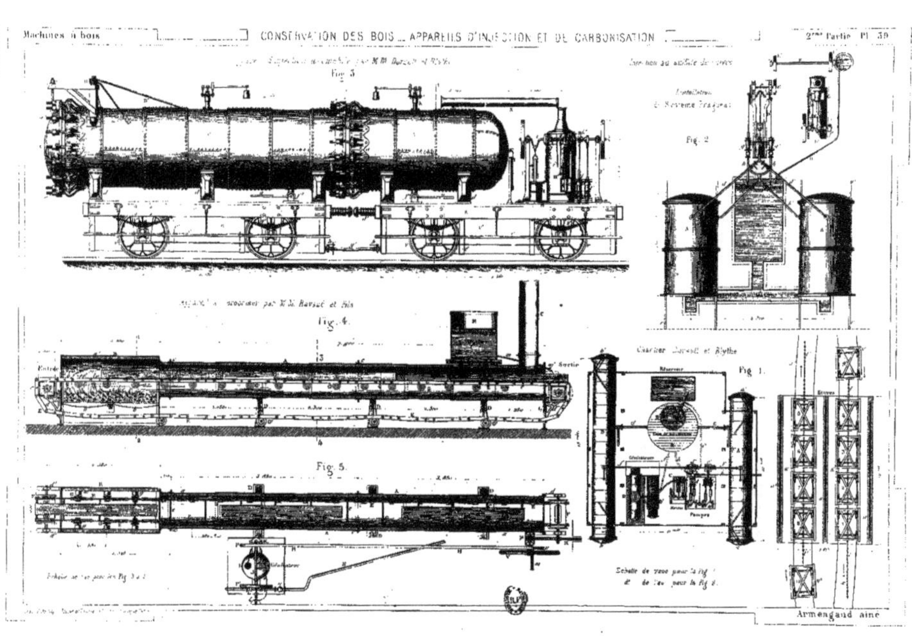
Machines à bois
CONSERVATION DES BOIS _ APPAREILS D'INJECTION ET DE CARBONISATION
2me Partie Pl. 39
Fig. 3
Fig. 2
Fig. 4.
Entrée
Sortie
Fig. 5.
Chantier Burnett et Blythe
Fig. 1.
Pompes
Armengaud aîné

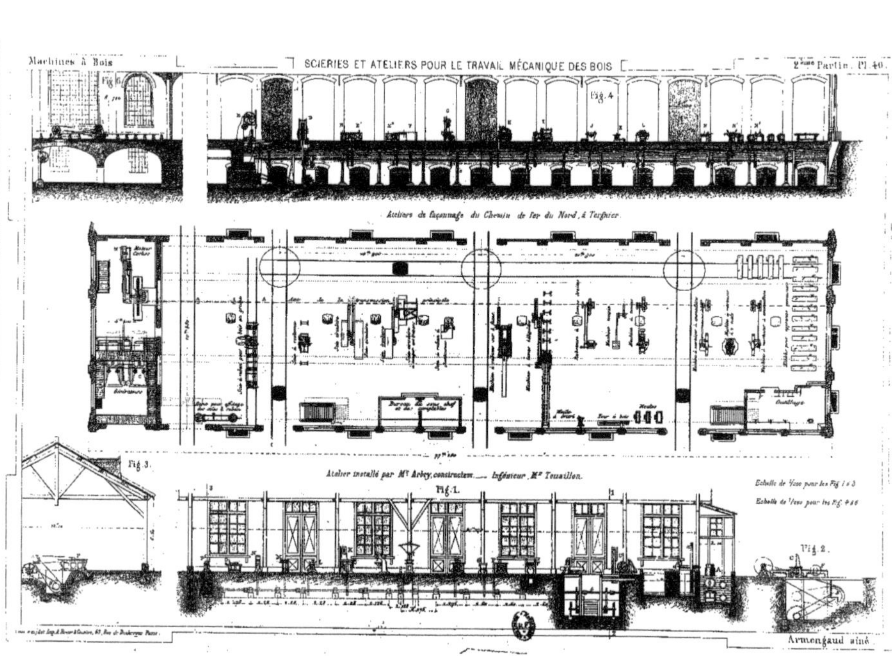
Machines à Bois
SCIERIES ET ATELIERS POUR LE TRAVAIL MÉCANIQUE DES BOIS
2ème Partie. Pl. 40.
Fig. 6.
Fig. 4.
Ateliers de façonnage du Chemin de fer du Nord, à Tergnier.
Fig. 3.
Atelier installé par Mr Arbey, constructeur. Ingénieur Mr Tessaillon.
Fig. 1.
Fig. 2.
Armengaud aîné

www.ingramcontent.com/pod-product-compliance
Ingram Content Group UK Ltd.
Pitfield, Milton Keynes, MK11 3LW, UK
UKHW012117240726
13965UKWH00005B/1801

9 782013 410274